安安全全的核电厂之旅：

有魔法的核电厂积木

生态环境部核与辐射安全中心　著

中国原子能出版社

图书在版编目（ＣＩＰ）数据

有魔法的核电厂积木 / 生态环境部核与辐射安全
中心著 . -- 北京：中国原子能出版社，2022.11（2025.4
重印）

（安安全全的核电厂之旅）
ISBN 978-7-5221-2404-9

Ⅰ . ①有… Ⅱ . ①生… Ⅲ . ①核电厂—普及读物
Ⅳ . ① TM623-49

中国版本图书馆 CIP 数据核字 (2022) 第 231769 号

安安全全的核电厂之旅：有魔法的核电厂积木

出版发行	中国原子能出版社（北京市海淀区阜成路 43 号 100048）
策划编辑	付　凯
责任编辑	裴　勘
装帧设计	侯怡璇
责任校对	冯莲凤
责任印制	赵　明
印　　刷	北京厚诚则铭印刷科技有限公司
经　　销	全国新华书店
开　　本	787 mm×1092 mm　1/16
印　　张	4.75
字　　数	119 千字
版　　次	2022 年 11 月第 1 版　　2025 年 4 月第 3 次印刷
书　　号	ISBN 978-7-5221-2404-9
定　　价	50.00 元

《安安全全的核电厂之旅》系列科普丛书编委会

主　编
周启甫　王承智　罗朝晖　卞玉芳

技术顾问
宋培峰

副主编
戴文博

美术编辑
曹之之　殷　铭　邵乐兵

编写人员（按姓氏笔划为序）
王桂敏　同　舟　刘瑞桓　张　瀛

总策划
刘瑞桓

《有魔法的核电厂积木》编写人员

刘瑞桓

内容提要

　　本书通过安安和全全两位小主人公搭建具有魔法的核电厂积木玩具，在一次次的试错和闯关的过程中，认识并了解地震魔、海啸怪、风将军等拟人化的形象，从而逐步了解选择核电厂厂址应具备的条件，以期培养读者的理性思维，正确看待核电厂选址工作。

系列科普书主要人物形象

安安：女，10岁，六年级，成绩优秀，聪明活泼，善于动脑，遇事冷静，有些近视。

全全：男，6岁，安安的邻居和小"跟班儿"，话痨，善良，懂礼貌。

安安妈妈：神奇科学院高级工程师，长发、笑起来眼睛弯弯，性格温和，对待孩子有耐心。但不喜欢做家务，喜欢吃冰糕，喜欢唱歌。

安安爸爸：神奇科学院高级工程师，瘦高，头发茂密，戴着一副高度近视眼镜，喜欢思考与探索。

全全妈妈：教师，性格开朗，爱笑。

全全爸爸：科学家，微胖，敬业，做事一丝不苟、讲究规矩。

神奇科学院院长：个子不高、留着短发，外表看似严厉，实则和蔼可亲，是一位沉稳睿智的科学家。

琪琪：全全同学，娇生惯养，不爱运动，微胖，喜欢穿花花的公主裙。

核仔：智能机器人，浑身白色，体型圆乎乎。

白玫瑰老师：安安的语文老师，姓白，美丽大方，气质温婉，不论春夏秋冬总喜欢着一袭长裙，时而温柔、时而严厉地穿梭在同学们中间，同学们私下起名"白玫瑰"。

大胖：安安的同班同学，憨厚直爽，不喜运动，素爱各种零食。

序

从我国第一颗原子弹、第一颗氢弹、第一艘核潜艇、第一座国产核电站，再到我国自主三代核电"华龙一号"……核科技工业始终是我国战略性高科技产业的重要组成部分。核科学技术已经成为世界高新技术的重要标志。

在"双碳"背景下，核能作为发电过程中不排放温室气体的清洁能源迎来了更大的发展机遇，这对于优化我国能源结构，保障能源供应，实现"双碳"目标，推动生态文明建设意义重大。

尽管核能有多种用途，但是提到核，公众首先想到的仍然是核武器、核电站。事实上，除了安全发电外，核科技如今早已经渗透到了我们生产生活的方方面面，在工业、农业、医学、公共安全、环保等领域有着十分广泛的应用场景。

国务院印发的《全民科学素质行动规划纲要（2021—2035年）》提出，提升科学素质，对于公民树立科学的世界观和方法论，对于增强国家自主创新能力和文化软实力、建设社会主义现代化强国，具有十分重要的意义。《安安全全的核电厂之旅》是一套难得的核能科普系列趣味丛书，其主要针对中小学生的知识水平和认知特点，用通俗易懂的方式讲述科学道理，注重培养义务教育阶段学生的科学素养和创新精神，激发读者求知兴趣，带给读者更多的亲和力，让更多的公众了解核科学，支持核科学事业的发展。

对该系列丛书的出版表示祝贺，并衷心感谢为编辑该系列丛书付出辛苦劳动的各位同仁！

中国工程院院士
中国核工业集团公司科技委副主任
中国核电工程公司专家委主任

前 言

教育部办公厅、中国科协办公厅曾联合印发《关于利用科普资源助推"双减"工作的通知》,强调要提高学生科学素质,促进学生全面健康发展。重视与发展青少年学生群体的科普教育是坚持"四个面向"、适应新发展格局的必由之路。

我们深知青少年科普的重要意义,更知核能科普任重而道远。在编写本丛书时,通过原创性拟人形象,精心设计寓意配图,坚持科学性为本,兼具趣味性和通俗性,努力达到一种平等、有趣的交流效果。四册系列丛书各自独立又有机结合,不仅给读者科普了核电厂构造和发电原理,而且将核电厂的选址、核安全文化、核技术利用等方面的知识巧妙地融进安安和全全姐弟俩的探险之旅中。力图激发青少年对核科学真理的热爱,让公众更加理性认识核,积极支持核,推动核电积极、安全、有序发展。

由于编写时间较紧,编写人员水平有限,书中难免有疏漏与不妥之处,欢迎读者批评指正。

编 者

2022 年 6 月

目 录

一个阳光明媚的午后，安安开心地敲开了全全的门，只见安安双手抱着一个大盒子，小脸激动得通红，"全全，我妈妈给我买了一套玩具，咱们一起玩儿吧！"

全全瞪大了眼睛问道："这么大一箱？咦？核电厂积木，那是什么玩具啊？"

安安神秘地努了努嘴，神气地说："一会儿你就知道啦！说是有魔法呢！"

全全好奇地歪着脑袋追问："有魔法？会变形吗？会动吗？能说话吗……"

全全嘴上不停地问着，紧紧地跟着安安的脚步来到她的家里。

两个小朋友迫不及待地打开了盒子，"哇！里面好多零件啊！但是零件的形状非常奇怪，跟以前见过的积木完全不一样。"

　　原来，安安的妈妈给安安买的是一套核电厂拼装积木。妈妈说过只有把积木摆在正确的位置，才算成功。如果摆错了，核电厂就会遭到怪物猛兽的攻击，然后轰然倒塌，前功尽弃。

　　全全面对这一大箱奇奇怪怪的积木，愁云满面地又开启了"话痨"模式："这么奇怪复杂的积木该怎么堆啊？怪物猛兽都长什么样啊？可怕不可怕啊……"

　　安安顾不上回答全全那么多的问题，自顾自地在箱子里翻找。

　　"哈！找到啦！我就说肯定有说明书的嘛！"安安费力地从箱子底部把一摞折叠着的厚厚的纸拽了出来。

第一章
初逢地震魔

两个孩子费了很大的劲才把说明书铺平整，与其说这是一份说明书，不如说这是一张特别的地图，上面标着形状各异的国家。

安安一眼就看中了疆域面积最大的"本本国"，对全全说："咱们就把核电厂建在这儿吧！"

全全拍着手表示赞同，嘴里却嘟囔着："会有什么魔法呢？"

安安说："妈妈说了，只有在搭建的过程中，魔法才会显现，咱们快点搭吧！"

说着，安安和全全按照说明书上的图示，你找核岛，我找常规岛，热火朝天地搭起来。

很快，核电厂已初见雏形。

突然，一道耀眼的强光刺得安安和全全睁不开眼，片刻之后，安安和全全从指缝悄悄地望过去，一条不知通向何处的时光隧道出现在面前，一辆时空穿梭机"嗖"地一下从里面飞到他们跟前，门"啪"的一声打开了，里面传来一个智能机器人的声音："请坐上穿梭机前往本本国。"

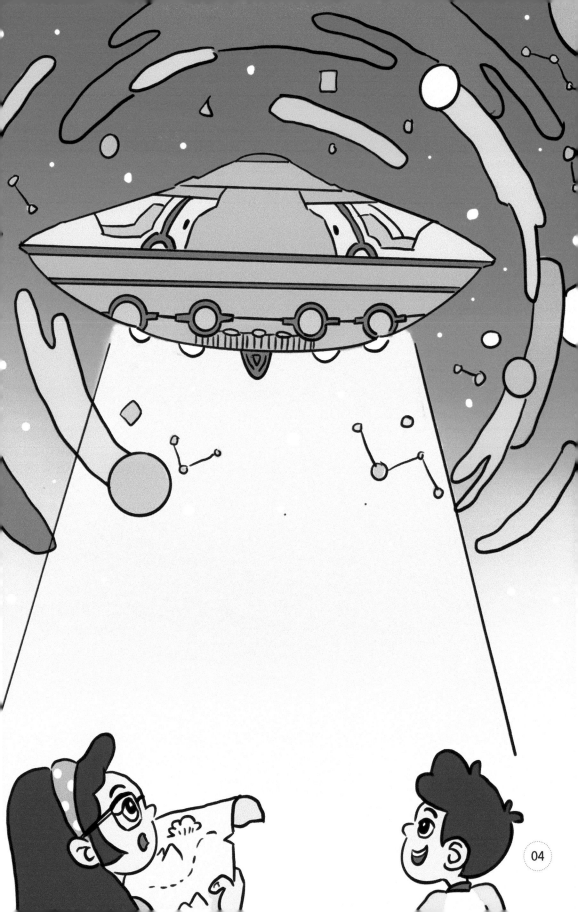

两位小朋友惊呆了，他们互相看了看对方，好奇心驱使着他们走进了穿梭机。门缓缓地合上……

只见一道亮光在天空闪过，不到一分钟的工夫，穿梭机停了下来，智能机器人的声音又响起来："本本国已到，本本国已到……"

安安和全全疑惑地走下了穿梭机，上下左右地打量着，只见这里的房子方方正正的，看上去非常结实，每个人都穿着厚厚的盔甲。

就在安安和全全迷惑不解的时候，有两个全副武装、身形矮小的士兵向安安和全全走过来，其中一个神情严肃地问："是你们在我们国家建的核电厂吗？"

安安和全全不约而同地点了点头。

另一个士兵面无表情地说道："那就跟我们走吧！我们

国王要召见你们。"

安安和全全有些惊恐地互相看了一眼，脚下不自觉地跟着士兵来到了一座金碧辉煌的宫殿跟前。奇怪的是，一进门，映入眼帘的不是金光闪闪的皇宫，而是一个个巨大的升降梯。

安安和全全跟着他们上了其中一个升降梯，有一个士兵按了一下"–20"，升降梯猛烈抖动了一下，发出一声巨大的轰隆声后开始缓缓下降，安安和全全吓得一个捂住了眼睛，一个捂住了耳朵。

过了好久好久，升降梯终于停了下来。安安和全全被眼前的景象所震惊！好奇特的一个地下宫殿啊！里面全是钢筋混凝土结构，桌子椅子全是钢制品。

浑身裹着钢盔的大臣整整齐齐地分列两边，中间一个巨大的椅子高高地悬在数十级的台阶上面。

　　这时，一个头戴皇冠的人从巨大的椅子后面走了出来，只见一个带安安和全全来的士兵向此人鞠了一躬，说道："启奏陛下，唤醒地震魔的两个人已经带到，请陛下发落！"

　　安安和全全一听顿时傻了，"什么地震魔？我们唤醒的？"

　　国王一听，顿时暴跳如雷，"我们国家处在地震带上，有大大小小一百多个地震魔，任何一个错误动作，都有可能唤醒惹怒它们，到时我们整个国家将会疯狂摇晃，震碎一切！刚才就是因为你们把核电厂搭在了我们国家，激怒了最大的地震魔头。它发动了9级地震，我们才躲进这地下宫殿的！"

大臣们一听，也七嘴八舌地议论起来。

"是啊是啊，要不是你们这两个毛孩子，我们能在这儿待着吗？"

"是啊！我们国家处于地震带上，能搭建核电厂嘛！真是不懂事儿！"

"唉！我们家的房子也不知道怎么样了？"

……

安安和全全的小脸涨得通红，连声道歉："对不起对不起，叔叔阿姨们，我们不懂事儿，也不懂这些知识，请你们原谅我们吧！我们回去一定好好学习，再也不犯这样的错误了。"

国王听了，脸色缓和了下来，语气也变得温和许多，"既然你们不懂，念在你们还是未成年人，就不定你们的罪了。"

一位大臣说道："国王陛下，为了让他们有深刻的教训，建议带他们上去看看地震魔发怒的后果。"

国王若有所思地点了点头，向旁边的两个卫兵使了个眼色。

两个卫兵领着安安和全全又坐上了升降梯，仿佛过了一个世纪一样，终于来到了地面上。

安安和全全又一次被眼前可怕的景象所震惊！

只见高耸的楼房成了一片废墟，有的还在摇摇欲坠，桥梁也塌了，列车脱离了轨道，歪倒在一边儿，四处逃散的人们一个个蓬头垢面，哭喊声此起彼伏，空气中弥漫着悲凉和绝望……

全全"哇"地一声哭了起来，安安的小脸涨得通红，泪珠在眼眶里打着转。

一个卫兵看到这种情景，说道："这下你们领教到地震魔的厉害了吧！我们平时都小心翼翼地供着它，从不敢惹它不高兴。"

这时另一个士兵惊慌地指向远处，喊起来："快看快看！地震魔又要来啦！咱们快跑吧！"

话音未落，两个士兵拉着安安和全全向升降梯飞奔过去。

安安壮着胆子，边跑边回头看，只见远处一座山在剧烈地晃动，晃动由远及近，离他们越来越近，安安不由得加快了脚步。

终于，他们跑到了坚固的地下宫殿，坐上了升降梯。两个卫兵长长地出了一口气。

安安和全全惊魂未定地喘着粗气，国王和一群大臣不知道什么时候站到了他们的身后。

国王严肃地说道："孩子们，这下你们知道把核电厂建在地震多发地的严重后果了吧？"

安安和全全狠狠地点着头，"嗯嗯，这下我们明白了。实在对不起，由于我们的粗心，给你们带来那么多麻烦！我们回去一定仔细研究核电厂搭在什么地方合适。"

说完，安安向国王和大臣们深深地鞠了一躬，全全见状，急忙也跟着弯下了腰。

国王赞许地点了点头，向空中招了招手，只见又一道亮光闪过，穿梭机停在了两个孩子的跟前，门"唰"地一下打开了，里面响起了智能机器人的声音："请前往人类家园。"

安安和全全走上穿梭机，转眼回到了家里……

知识拓展

（一）核电厂选址的必备条件之———稳定的地震地质结构

在核电厂厂址查勘阶段，首先要否定的就是，附近存在可能引起厂址发生地表或近地表地震破裂的活动断层。地质灾害（滑坡、泥石流等）频发地区也不宜作为候选厂址。厂址的位置，需要根据地震、地质、地球物理、土木工程数据，采用确定论和概率论方法，分别进行测算和评价。

（二）核岛、常规岛

核岛是核电厂安全壳内的核反应堆及与反应堆有关的各个系统的统称。核岛的主要功能是利用核裂变能产生蒸汽。

常规岛是指核电装置中汽轮发电机组及其配套设施和它们所在厂房的总称。常规岛的主要功能是将核岛产生的蒸汽的热能转换成汽轮机的机械能，再通过发电机转变成电能。

小知识

什么是地震？

地震，又称地动、地振动，是地壳快速释放能量过程中造成的振动，期间会产生地震波的一种自然现象。地球上板块与板块之间相互挤压碰撞，造成板块边沿及板块内部产生错动和破裂，是引起地震的主要原因。地震常常造成严重人员伤亡，能引起火灾、水灾、有毒气体泄漏、细菌及放射性物质扩散，还可能造成海啸、滑坡、崩塌、地裂缝等次生灾害。

第二章
遭遇海啸怪

第二天，天刚亮，"呼呼呼……"一阵急促的敲门声就打破了清晨的宁静。

安安有了一个新想法，她兴奋地冲到全全的床前喊道："全全，快起床！快起床！"

全全揉着惺忪的眼睛，"安安姐姐，什么事儿啊？这么着急。"

安安的小脸儿因兴奋变得通红，"我仔细研究了一下说明书，咱们这次把核电厂搭在海边吧，那儿一定很安全！"

全全一听，顿时睡意全无，从床上一跃而起，连忙说道："那咱们快去你家开始搭吧！"

两个孩子飞奔到安安家，迅速把说明书打开，向着有蓝色大海的地方寻去。

全全指着一片蓝色版图喊道："姐姐，咱们搭在闹闹国吧！那儿应该很安全。"

"好啊！就听你的！"

两个孩子吸取了昨天的教训，每一步都堆得小心翼翼，可他们不知道的是，有个更大的猛兽正潜伏在海底……

就在核电厂快要搭建完成的时候，突然，一阵狂风大作，

乌云滚滚，天空一下子变得漆黑。安安和全全又一次被时空穿梭机带走了……

有了上次的经历，这次，安安和全全淡定地透过穿梭机的窗户往外观望。外面除了海水，还有几艘轮船，偶有几只水鸟飞过。

突然，他们看到远处有一个高达百尺的"水墙"正向穿梭机逼近，偌大的轮船像一个小虫子一样被海啸这只巨手任意摆弄，相互撞击，体无完肤。巨大的怪鸟在水墙前急促地盘旋，令人屏息。

全全吓得哭了起来……

这时，"水墙"上突然出现一张巨大的恐怖的脸，只听见一个低沉的声音从那张大嘴里传出来："你们是谁？竟然敢惊动我海啸怪？"

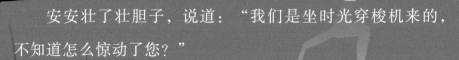

安安壮了壮胆子，说道："我们是坐时光穿梭机来的，不知道怎么惊动了您？"

海啸怪突然发出一声嘶吼，脸也变得狰狞起来，他恶狠狠地说道："你们把核电厂建在我的地盘，还说没有惊动我？"

全全哭着说："我们不是故意的，我们不知道您这儿不能建核电厂！"

海啸怪听完，语气也缓和了一些，"行吧！既然你们不是故意的，那就下不为例，不信的话，你们可以上岸去看看我有多厉害！"

　　话音刚落，海啸怪伸出了它的一只手，轻轻地在穿梭机周围画了一个圈，穿梭机就像冲浪一样，向海边奔去。

　　姐弟两人匆忙上了岸，正碰到惊慌失措的村民们四处逃生。安安连忙拉住一个老爷爷，"爷爷，你们这是在往哪儿跑啊？海啸怪真的那么可怕吗？"

老爷爷停下来气喘吁吁地说道："海啸怪就像是一个无恶不作的恶魔，它能让海水形成一个巨大的漩涡，吞掉我们的村庄，冲垮我们的大坝，汽车被冲翻，轮船被摧毁，再高大的楼房，也能被冲走，就像一块块浮冰，相互碰撞，然后变得七零八碎，最后下沉……"老爷爷说完，呜呜地哭了起来。

　　安安连忙上前安慰老爷爷。全全转身哭着对着海边喊道："海啸怪，我们知道您的厉害了，您放过老爷爷他们吧！"

　　只见海水刹那间由墨黑色变成了蔚蓝色，迅速从岸边退去，海面恢复了平静，仿佛一切都没有发生。

　　安安和全全帮助老爷爷收拾完被摧毁的房屋，沮丧地坐着穿梭机回家了。

　　妈妈看出了安安的沮丧，就把安安叫到跟前，问明了原委后，和蔼地说道：

　　"安安，做事情不可能一帆风顺的，总会遇到挫折、遭遇失败的。"

　　安安委屈地"哇"地一声哭了出来，"妈妈，我不喜欢你给我买的积木！为什么失败了会有那么可怕的后果啊！"

　　妈妈把安安搂在怀里，"安安，这套玩具最大的优点就是，可以无限次的试验，试验过程中，试验者会被带到虚拟的场景里，看到虚拟的景象，仿佛亲身经历一样。所以失败了也不可怕，那些后果只是你产生的幻象。"

安安一听，顿时停止了哭声，"妈妈，你说的是真的吗？我们遇到的老爷爷的家园没有被毁是吗？"

妈妈哈哈地笑了起来，"对，所以啊，你们不用担心，放心大胆地试验吧！"

安安想了想，又不放心地追问道："还有我们昨天在本本国所看到的也是虚拟的幻象吗？"

妈妈笑着点了点头。

安安一下子跳了起来，"妈妈，我现在就把这个好消息告诉全全去！"

妈妈摸了摸安安的头，说道："去吧，后面还有很多关需要你们去探索呢！你们一定会喜欢上这套玩具的！"

安安蹦蹦跳跳地出门了……

全全听了以后，一扫之前的沮丧和阴霾，拉着安安的手打开了话匣子，"姐姐，本本国的国王还会记得咱们吗？闹闹国的海啸怪还会再出现吗？如果是虚拟的，那位老爷爷就不会伤心了吧……"

知识拓展

核电厂选址的必备条件之一——适合的水文条件

核电厂选址中，厂区的洪水泛滥与否也是厂址选择中的决定因素之一。通过对降雨、河流洪水、风暴潮、溃坝、海啸等影响因素的调查与分析，评价其对厂址防洪的安全影响。

小知识

什么是海啸？

海啸是一种具有强大破坏力的灾难性的海浪。当地震发生于海底，因震波的动力而引起海水剧烈地起伏，形成强大的波浪，向前推进，将沿海地带——淹没的灾害，称为地震海啸。通常由震源在海底下 50 千米以内、里氏震级 6.5 以上的海底地震引起。海啸按成因可分为三类：地震海啸、火山海啸、滑坡海啸。在一次震动之后，震荡波在海面上以不断扩大的圆圈，传播到很远的距离，就像卵石掉进浅池里产生的波一样。

第三章　惊历气象国

安安和全全吃了"定心丸"后，心情立即轻松了很多，这次他们决定过一个最难的关——气象国。

安安和全全仔细研究了一下说明书，发现气象国里设有强风、雷电、暴雨、沙尘暴、龙卷风、热带气旋等好几个小关卡。

为了能成功地给核电厂安好家，安安和全全每一步都搭得很小心，尤其远远地绕开了地震魔和海啸怪的地盘。

但毕竟核电厂的建设是一项复杂的系统工程，安安有点着急了，"这搭了半天，怎么才搭了个围墙和核岛啊？"

　　话音刚落，突然刮起大风，沙尘随风而起，霎时沙尘漫天。安安和全全被吹得睁不开眼，只听见旋风的怒号和呼啸声。

　　不知过了多久，风停了，空气也清新了起来。

　　一位步履蹒跚的老婆婆从远处走了过来，婆婆面部慈祥，微笑着说："是你们想建核电厂吗？"

　　安安和全全不约而同地点了点头。

　　婆婆突然发出尖厉的笑声，慈祥的面庞一下子变得狰狞

起来，她弯下腰凑到安安的跟前，恶狠狠地说道："你们当我气象国好欺负是吗？你们知道我手下有多少员大将吗？"

安安和全全吓得连连后退，安安壮了壮胆说："婆婆，我们来之前是预习了的，您的国家里有沙尘暴、龙卷风等好多厉害的将军呢！"

全全也连声附和，"对对对，婆婆，我们真的是想来您的国家好好学习学习的。"

老婆婆的脸色稍微缓和了一点儿，"嗯，这还差不多。看你们学习得还不错，那我就带你见识见识他们的厉害吧！"

安安和全全长长地舒了一口气。

婆婆挥了挥手，说道："走吧，跟紧我！"说着一反刚才步履蹒跚的样子，脚步变得飞快，像脚下生风一样。

安安和全全一步也不敢落下，连走带跑地跟在婆婆后面。突然，老婆婆似乎想起了什么，停了下来。

安安和全全没来得及刹住脚步，"哎哟！"安安撞在了老婆婆身上，接着，又是"扑通"一声，全全紧跟着撞在了安安身上。

婆婆转过身来，表情严肃地说道："我手下的大将长相都比较奇特，性情也很暴躁，一会儿你们看到他们时，记住一定不要激怒他们。"

安安和全全连忙听话地点了点头。

很快，他们来到了一座山脚下，一扇高耸入云的山门出现在眼前。只听见老婆婆念了句咒语，洞门缓缓地打开了。

几个黑色的小气旋从洞门里旋转到了老婆婆的跟前，旋转了几圈，变成了拿着叉的卫兵。

只见他们单膝跪地，右手穿过胸前，搭在左肩上，齐声喊道："参见女王陛下！"

安安和全全瞪大了眼睛，互相看了一眼，没想到眼前这个其貌不扬的老婆婆居然是女王！

只见老婆婆抬了抬手，示意他们起身，问道："将军们最近的状态怎么样？"

其中一个卫兵上前一步，双手合十，回道："启禀国王陛下，十位将军均作息规律，心态平和，请陛下放心！"

老婆婆指着安安和全全说道："嗯！很好，今天咱们来了两位小客人，你们领着他们见识一下咱们的大将军们吧！切记，动作要轻，不能惹怒他们。"

"遵旨！"说完，两个卫兵拉着安安和全全向一个弯弯曲曲的小路走去。

他们先来到一幢房顶上安装着避雷针的亮闪闪的金属房子跟前，"这是雷将军的府邸。"卫兵说道，"因为雷将军的脾气很暴躁，他发起怒来会产生强大的雷电电流，对人和物体的伤害非常大，我们轻易都不敢惹他。他的房子之所以

是金属的，就是想在雷将军发怒时把电流传导到地下，这样就不会伤害我们啦！"

全全一听，吓得赶紧说："那咱们也不要惹他了吧！咱们绕着他走吧。"

另一个卫兵一听，不耐烦地说道："他们胆子这么小，干脆直接让他们见识一下最厉害的风将军就行了，别的就不要见了，省得吓坏他们。"

两个卫兵意见一致，便带着安安和全全向更远的地方走去……

知识拓展

核电厂厂址的必备条件之一
——适宜的气象环境

强风、雷电、暴雨、酷暑、严寒、沙尘暴、龙卷风、热带气旋等各种各样的气象现象都是厂址气象条件的组成部分。对于核电厂而言，所遇到的极端气象事件就是一些偶尔发生的极端事件，例如一场突破历史极值的台风、龙卷风等。虽然气象条件一般不会单独成为否决某个厂址的因素，但适宜的气象条件对节省核电厂的设计和建造成本、减少运行期间由于极端气象事件带来的维护成本是至关重要的。

小知识

推荐核电厂厂址的气象数据是怎么得来的？

　　每个推荐的厂址，都需要在一个长时期内以适当的频度收集数据。因为对于多数推荐的厂址来说，一般没有当地测量的数据，所以应当对从 24 小时值班的或连续记录的气象站或从区域分站取得的数据作出估计，以便从中选择那些最能代表厂址条件的长期数据作为气象参数。

第四章 巧遇风将军

不知道走了多久，安安和全全被带到了一个白色密闭的球形气囊外。领头的卫兵按了下门上的红色按钮，气囊一下子变成了透明的，里面的情景一览无余。

两位小朋友好奇地瞪大了眼睛往里张望，可是除了角落里一团黑乎乎的气状物，什么也没看见。

全全自言自语道："这是什么啊？哪有什么大将军啊？"

卫兵急忙想制止全全，然而已经来不及了。只见本来蜷缩在一起的"黑气团"突然开始旋转起来，体积越变越大，旋转越来越快，大气囊开始剧烈地摇晃起来，报警灯发出急促的"嘀嘀嘀"的声音。

领头的卫兵大喊道："快去请女王殿下！"

全全吓得一把抓住安安的手，把脸躲在了姐姐胳膊后面。

老婆婆急匆匆地赶过来，脸色很难看，只见她双眼紧闭，嘴里念念有词，双手像打太极一样，作抱球状，猛地往气囊方向一推。只见一道紫色的光笼罩在大气囊上，大气囊慢慢地安静了下来。

黑色气团旋转逐渐放慢，最后变成一个浑身黑乎乎的人形，只见他威风凛凛，怒目圆睁，"刚才是谁打搅我的美梦？"

38

老婆婆的脸色缓和了下来，一改刚刚的严肃，略显恭敬地说道："风将军，咱们这儿来了两位小客人，他们没有领教过您的厉害，我让卫兵带他们来拜访一下您。"

风将军听了，脸上露出了满意的微笑，"行吧，既然是殿下的客人，那本将军就让你们好好认识一下。放他们进来吧！"

老婆婆示意卫兵把门打开，转身对安安和全全说，"你们进去吧，不用害怕，风将军不发怒的时候是很温和的，他能让你们见识到龙卷风的威力。"

安安惊呼了一声："龙卷风？"

全全连忙问道："龙卷风怎么了？很可怕吗？"

安安的额头渗出了汗珠，说："很可怕！它具有很大的吸力，可以把海水吸离海面，形成水柱，然后同云相接。它还能把大树连根拔起，把建筑物吹倒，把地面上的物体卷至空中。有科学家进行过研究，假如人被吸进龙卷风，就会直接晕过去，基本上95%的人都会死亡，哪怕是侥幸留下了一条性命，那情况也基本上不会太好了。"

全全听了，吓得连忙抓着安安的手，紧紧地跟在后面。

安安和全全小心翼翼地进到大气囊里，看到风将军正满脸含笑看着他们，胆子便大了些。

安安壮着胆子上前一步问道："风将军，我妈妈给我买了一套核电厂拼装模型，必须满足所有条件才能搭建成功，现在到了气象国这关，您能告诉我们怎么才能过得了您这一关吗？"

风将军想了想，说道："那本将军就先给你们讲一下我们龙卷风的来历吧！我们大多隐藏在高温高湿的不稳定气团中。因为那里的空气扰动得非常厉害，上下温度相当悬殊。当地面上的温度为30摄氏度时，8000米的高空温度约为零下30摄氏度。

"零下30摄氏度？"全全惊呼道。

安安连忙给全全使了个眼色，示意他安静。全全吓得吐了吐舌头，不敢再说话了。

风将军接着说道："这种温度差使冷空气急剧下降，热空气迅速上升，上下层空气对流速度过快，就形成了许多小旋涡。当这些小旋涡逐渐扩大，再加上激烈的震荡，就形成了大旋涡。于是，我们就会被你们人类称为袭击地面或海洋的风害。"

全全好奇地问道："那我们搭建核电厂需要怎么抵抗住您的风害呢？"

风将军的脸上露出一丝狡黠的笑容，"这个嘛？告诉你们的话，你们就不怕我了。"

安安急忙说："不会的，不会的，大将军您那么厉害，我们人类一直都很惧怕您的。我们只是想过了您这关，好继续搭建我们的核电厂积木啊！"

风将军若有所思地转了转眼珠，说道："好吧。那我就告诉你们怎么降低我们带来的危害吧！因为我们发怒的时候，会卷起很多东西，所以你们要是搭建核电厂的话，必须提供能抵抗这三种飞射物的穿透保护。"

安安连忙从兜里掏出纸和笔，认真地记起来。

　　风将军见状，把语速稍微放慢了些，接着说道："第一种是具有高动能、在冲撞时将发生变形的重飞射物，第二种是体积大的坚硬飞射物，第三种是尺寸足够小能通过保护屏障内开孔的坚硬飞射物。只要把对这三种飞射物的防范措施做好了，就不用怕我们龙卷风了。"

　　安安飞快地在本子上写着，顾不上搭话。全全非常郑重地给风将军鞠了个躬，感激地说："谢谢您，风将军，可是，什么是重飞射物啊？尺寸足够小是多小啊？"

这时，安安已经把风将军的话记完了，她连忙捂住全全的嘴，制止了他的提问，然后也恭敬地向风将军鞠了一躬，"风将军，真的很感谢您，我们回去以后一定会仔细地为核电厂选个正确的厂址，保证不会再来打搅你们啦！"

　　风将军和蔼地说道："孩子们，只要你们把核电厂建在正确的地方，又建得足够结实就再也不会怕我们气象国的各路将军啦！相信你们一定会很快完工的！"

　　安安和全全拜别完风将军和女王，突然，又是一阵狂风，安安和全全赶紧捂上眼睛，等风停睁开眼，一切都恢复了原状。

　　全全抬起头，问道："姐姐，你刚才为什么不让我接着问风将军呢？我好多都没听懂呢？"

　　安安捏了一下全全的小鼻子，说道："小傻瓜，风将军喜怒无常的，万一你再把他惹恼了可就不好啦！不懂的咱们回来自己查就行啦！"

小知识

龙卷风（天气现象）

龙卷风是一种少见的局地性、小尺度、突发性的强对流天气，是在强烈的不稳定的天气状况下由空气对流运动造成的，强烈的、小范围的空气涡旋，风速可达 100 ~ 175 米每秒，数倍于强台风。龙卷风的结构包括作为主体部分的漏斗云和维持其存在的对流系统，通常为雷暴所带来的积雨云。

第五章　逃离危险源

核电厂终于要完工啦！

安安和全全长长地伸了个懒腰，"终于把所有的关都过完啦！"全全开心地拍起了小手。

"我们大功告成啦！咱们去告诉妈妈吧！"安安拉着全全的小手去找妈妈。

妈妈正在书房工作，已经听到了安安和全全的欢呼声，站起身迎向两个孩子，向他们竖起了大拇指，"祝贺你们啊！孩子们，你们真是既聪明又勇敢！"

安安和全全害羞地低下了头。

"不过呢……"妈妈话锋一转，"你们可能还有两个小关哦！"

"啊？"安安和全全异口同声地喊起来。

妈妈连忙安慰道："不要怕不要怕，后面不会再碰到妖魔鬼怪啦！你们先去休息会儿，答案自会揭晓。"

安安和全全疑惑地回到各自的床上，不一会儿，就沉沉地睡去了……

突然，安安的耳边传来一声惊天动地的巨响，紧接着眼前出现了漫天的滚滚浓烟，猩红色的火焰瞬间绽放。成片的建筑开始摇摇欲坠，发出阵阵无力的呻吟，碎裂的钢筋混凝土如同流星雨般纷纷坠落，毫不留情地砸向正在仓皇逃窜的人群。

眼看一座正在轰然倒塌的大楼就要砸到安安，她急忙大喊："救命啊！妈妈，快救我！"

安安一边拼命地跑，一边哭喊着。

突然，安安感觉身体变轻了，仿佛被一双大手托了起来，安安猛一回头，从梦中醒来，却发现妈妈笑吟吟地在看着自己。

安安一把搂住妈妈，将带着泪水的脸颊埋进妈妈的臂弯里，"妈妈，这是怎么一回事儿啊？好可怕啊！"

妈妈摸了摸安安的头，问道："你是不是梦见一个爆炸场面？"

安安抬起脸庞，疑惑地问妈妈："你怎么知道？"

妈妈哈哈大笑起来："全全也会做这样的梦，可能碰到的场面不一样，不信你去问问他，说不定这会儿正在哭鼻子呢！"

安安半信半疑地去敲全全家的门，刚抬起手准备敲门，只听见全全正在跟他爸爸哭闹："爸爸，爸爸，刚才我做了一个非常非常可怕的梦！我梦见我站在一个化工厂里，里面有腐蚀性的物质，还有有毒的白色气体呼呼地往外冒，大家都捂着鼻子往外跑，我找不着你了，没有人管我，呜呜呜……"

　　安安连忙喊道："全全，全全，快跟我来！我妈妈知道咱们的梦是怎么回事儿？"

　　全全听到安安的喊声，一骨碌爬起来，拉开门，好奇地问道："安安姐姐，你妈妈怎么知道我做的梦呢？"

　　安安摇了摇头，"我也不知道，她让我来看看你，说你肯定也跟我一样做噩梦了。咱们快去问问我妈妈吧！"

　　话音刚落，安安就拉起全全的手向家中跑去……

安安和全全气喘吁吁地跑回家，却见妈妈正笑吟吟地端坐在沙发上看着他们，似乎早就预料到安安和全全的疑问。

她把安安和全全拉到身边坐下，不慌不忙地说道："孩子们，你们的梦是不是都身处一个特别危险的地方？"

安安和全全不约而同地连连点头。

"这套有魔法的积木啊，不但能穿越，还会模拟场景，让玩它的人在梦中也能体验可能出现的危险。"

安安和全全相互看了一眼，仍然一脸茫然。

妈妈继续解释道："在核电厂的家确定安在哪儿之前呢，必须要查明周围可能影响其安全的潜在危险源。"

全全好奇地打断安安妈妈的话，问道："阿姨，什么是潜在的危险源啊？"

妈妈摸了摸全全的头，耐心地说道，"比如化学品、爆炸品的生产、加工和贮存仓库，石油和天然气贮存设施，这都是固定的潜在的危险源。"

全全听了，小声嘀咕道，"固定的？还有移动的吗？"

妈妈听见了说："对啊，有移动的啊，比如输送易燃易爆气体或其他危险物质的管线、公路、铁路和航道。另外，还有机场、空中航线这些，核电厂的家都需要与它们保持一定的安全距离。"

说到这儿，妈妈停顿了一下，看着仍然满脸疑问的安安和全全，又说道："至于这些危险的地方为什么会跑到你们

梦里，是因为核电厂的家要远远地避开它们，所以一般你们是遇不到的。但是又要让你们在搭建的时候知道哪些是危险的地方，这套有魔法的积木的设计者就设计出在你们的梦里出现的模拟场景。但只有通过前面几关的考验，才能做这样的梦。孩子们，你们很了不起！"

说着，妈妈向安安和全全竖起了大拇指。

安安和全全终于明白了，长长地出了一口气，但是谁也没有说话，仿佛还惊魂未定，沉浸在刚刚的梦魇中……

知识拓展

筛选距离值法

在核电厂选址过程中，对于危险源的调查和评价首先采取的是筛选距离值法，即对某些危险源确定一个筛选距离值，位于筛选距离之外的危险源在选址时可以不予考虑。若潜在危险源位于其筛选距离之内，可用筛选概率对其进行第二次筛选，对于发生概率低于 10^{-7} 每年的始发事件，可不必进一步评价该危险源的后果。

危险源筛选距离值

危险源	筛选距离值／千米
爆炸源	5~10
火 源	1~2
危险气云	8~10
飞机航道或起落通道	以核电厂为中心，半径 4 千米范围
一般飞机场	10
大型飞机场	16
军事设施及空域	30

第六章
打通运输线

"终于打通关啦！"安安和全全高兴地拍着手跳起来。

"妈妈，妈妈，快来看看您给我们买的积木，我们搭好啦！"安安边喊边跑进厨房，把妈妈拉到搭建好的核电厂积木旁。

妈妈开心地笑了，"你们真棒！要知道，这套积木是有魔法的，如果不够勇敢的话，是坚持不到最后的。"

安安和全全听了妈妈的夸赞，互相看了一眼，也开心地笑了。安安突然想起了什么，问道："妈妈，您上次说还有两个小关，除了那个可怕的梦之外，还有哪个？"

妈妈听了，话锋一转，说道："你们有没有想过，真正的核电厂在施工和安装期间是怎么把这些零件运过来的呢？"

安安和全全面面相觑，茫然地摇了摇头。

只见妈妈像变魔法似的，又拿出一盒长方形的积木，笑吟吟地说道："其实，这套有魔法的积木是由一大一小两盒组成的，没想到你们那么快就把大盒的组装完成了，那

现在就把这盒小的交给你们吧，相信肯定难不倒你们的。"

安安一把接过妈妈手中的积木，信心满满地说道："放心吧，妈妈，我们保证完成任务！"

安安和全全迫不及待地打开积木盒，顿时傻眼了，只见里面的模块跟之前的完全不一样，除了几辆汽车模型，剩下的有的像长长的轨道一样，有直的，也有弯的，还有一片片

蓝色的像海洋似的泡沫模块儿。

安安找到安装说明书，看了看说道："原来这盒积木就是妈妈刚才说的核电厂的交通运输线，只有咱们把交通线打通了，这个核电厂才算是真正的搭建完成了。"

全全愁眉苦脸地说道："这个难不难啊？会不会像之前那套一样会遇见好多可怕的怪物啊？"

安安连忙安慰全全："没事儿，不要怕，有我在，你看这套积木虽然跟之前的搭建方式不一样，但是模块大，应该很快就能拼完啦！"

全全听了，脸上的愁云瞬间消散了，随手拿起一辆汽车模型玩起来。

安安突然睁大了眼睛，因为他发现把几块硕大的蓝色海洋模块儿拼起来后，除了核电厂的大门，竟然刚好把搭建好的核电厂周边包围住。

　　全全兴奋地跳起来，"好漂亮啊！但是为什么要用海洋包围核电厂呢？绿色的森林一定也很漂亮！"

　　妈妈听见了，走过来耐心地解释道："核电厂周围必须有大量的水源，用来带走电厂排出的余热和提供电厂里的人们的生活用水。"

安安歪着小脑袋，似懂非懂，嘴里嘟囔着："余热应该就是多余的热量吧。"

妈妈笑着继续说："你说得没错！核电厂发电过程中，大量的能量会以热能的形式排放，这就需要足够的冷却水把多余的热运出去，才能让设备冷却下来。"

安安认真地点了点头，"妈妈，这下我们就明白啦！"

妈妈紧接着问道："核电厂沿海而建还有一个好处，你们知道吗？"

安安和全全的好奇心一下子又被勾了起来，他们摇晃着妈妈的手，"您快说快说嘛！"

妈妈笑眯眯地说道："你们想想，之前你们搭核电厂的时候，有的模块儿是不是特别大？"

安安想了想说，"对的，妈妈，有的模块我们一只手都拿不下呢。"

妈妈摸了摸安安的头说："实际上啊，有的材料不光超大，而且还超重呢，如果采用水路运输就更容易啦！在有条件的厂址，人们都会优先考虑自己建用于运输设备的码头呢！"

这时，全全催促道："安安，安安，咱们快点把路修好吧，这样我的汽车就能开进去啦！"

安安冲妈妈挥了挥手，"谢谢妈妈，我们开始打通核电厂的运输线啦！"

"这是什么？"全全突然举着一本小书问道。

安安接过来，看了一眼，原来是安装说明书。

安安开始仔细研究起说明书来，全全在一旁摆弄着小汽车模型和轮船模型，嘴里嘟囔着："怎么还有轮船和火车呢？"

安安突然发现了什么，一下子跳起来，喊道："我知道啦！我知道啦！"

然后向全全招了招手，指着说明书的几行字说："全全你看，我知道这些汽车、轮船放哪儿了，你看，一般情况下，核燃料、乏燃料和固体废物直接用核电厂本来固有的进厂公路连接厂外公路网运输就行了。但是对于与陆地没有公路联系的厂址，则是利用海运与铁路联运的方式进行运输的。"

全全听了，一脸茫然地看着安安。

安安看着全全似懂非懂的样子，急忙拿过她手中的汽车

和轮船，说："如果核电厂与陆地有公路连接呢，就用汽车运，但是要求公路达到三级以上；如果核电厂与陆地之间被大海隔断了，那就要用火车加轮船运啦！"

全全一听，恍然大悟，他兴奋地举起轮船，"我知道它该放哪儿啦！"说着，就把轮船放在了蓝色的海洋模块上，然后歪着头问："我放得对不对？"

安安笑了，"真聪明！"

全全一下子兴奋起来，"我也知道啦！"然后赶忙拿着轨道和火车模型放到了与蓝色海洋的连接处，接着又拿着公路模块和汽车模型放到了核电厂的门口，然后洋洋得意地看着安安，"我是不是全放对了？"

安安拍了拍全全的肩膀，赞许地点了点头。

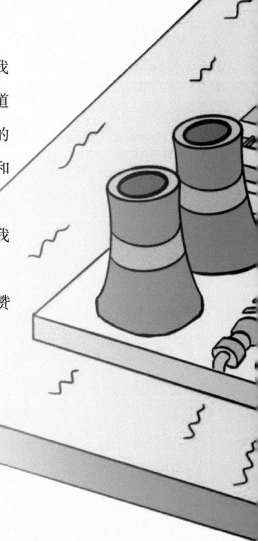

妈妈这时正好走进来，看到眼前的景象惊呆了，"孩子们，你们可真聪明啊！这么短的时间就把核电厂的运输线打通啦！这下陆路和水路都通了，你们可以进入核电厂的魔幻空间去探寻核电的奥秘啦！"

　　安安和全全高兴地拍着手跳了起来……

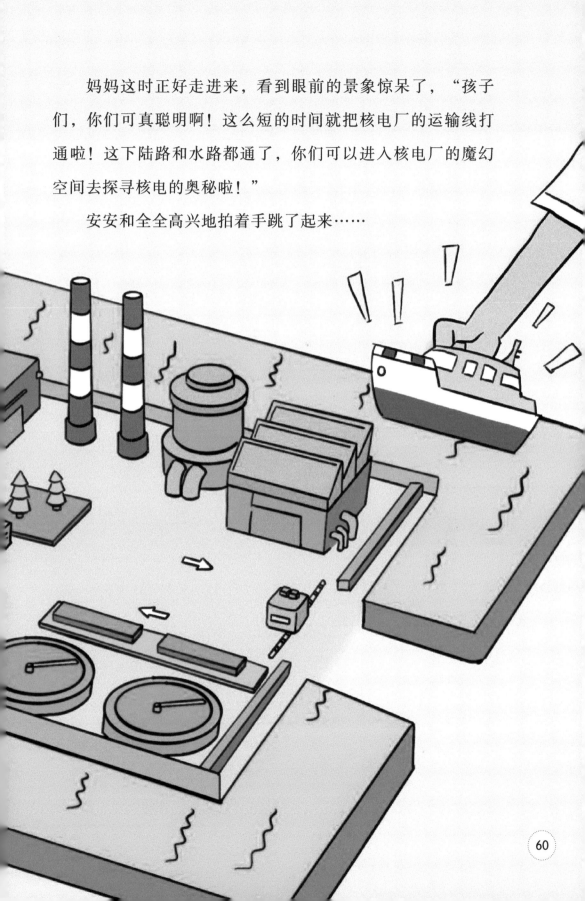

知识拓展

核电厂厂址选择中对交通运输有哪些要求？

核电厂的交通运输一般具有施工及安装期间材料运输量大，超大、超重件多，且卸运严格的特点，乏燃料运输必须采用特殊容器和安全措施，万一发生严重核事故时，应满足厂址的对外疏散要求。因此，核电厂厂址选择对交通运输的要求主要集中在三个方面，即超重、超限件的运输，核燃料和固体废物的运输以及应急计划的实施。

核燃料、乏燃料

核燃料：核电厂用的核燃料是铀。用铀制成的核燃料在设备内发生裂变而产生大量热能，再用处于高压下的水把热能带出，在蒸汽发生器内产生蒸汽，蒸汽推动汽轮机带着发电机一起旋转，电就源源不断地产生出来，并通过电网送到四面八方。

乏燃料：又称辐照核燃料，是经受过辐射照射、使用过的核燃料，通常是由核电厂的核反应堆产生。这种燃料的铀含量降低，无法继续维持核反应，所以叫乏燃料。